BEI GRIN MACHT SICH IHR WISSEN BEZAHLT

- Wir veröffentlichen Ihre Hausarbeit,
  Bachelor- und Masterarbeit

- Ihr eigenes eBook und Buch -
  weltweit in allen wichtigen Shops

- Verdienen Sie an jedem Verkauf

Jetzt bei www.GRIN.com hochladen
und kostenlos publizieren

Thomas Hengsbach

GIS-basierte Bewertung der Eignung von Standorten mittels Analytic Hierarchy Process und Compromise Programming

Am Beispiel einer Mülldeponie und potentieller Wohnbebauung

GRIN Verlag

Bibliografische Information der Deutschen Nationalbibliothek:

Die Deutsche Bibliothek verzeichnet diese Publikation in der Deutschen National-
bibliografie; detaillierte bibliografische Daten sind im Internet über http://dnb.d-
nb.de/ abrufbar.

Impressum:

Copyright © 2012 GRIN Verlag GmbH
Druck und Bindung: Books on Demand GmbH, Norderstedt Germany
ISBN: 978-3-656-60381-8

Dieses Buch bei GRIN:

http://www.grin.com/de/e-book/269321/gis-basierte-bewertung-der-eignung-von-
standorten-mittels-analytic-hierarchy

GRIN - Your knowledge has value

Der GRIN Verlag publiziert seit 1998 wissenschaftliche Arbeiten von Studenten, Hochschullehrern und anderen Akademikern als eBook und gedrucktes Buch. Die Verlagswebsite www.grin.com ist die ideale Plattform zur Veröffentlichung von Hausarbeiten, Abschlussarbeiten, wissenschaftlichen Aufsätzen, Dissertationen und Fachbüchern.

Besuchen Sie uns im Internet:

http://www.grin.com/

http://www.facebook.com/grincom

http://www.twitter.com/grin_com

GIS-basierte Bewertung der Eignung von Standorten mittels **Analytic Hierarchy Process** und **Compromise Programming** am Beispiel einer Mülldeponie und potentieller Wohnbebauung

Belegarbeit von Thomas Hengsbach

Modul 14 - GIS und multikriterielle Bewertungsmethoden in
Hochwassermanagement und Standortplanung

WS 2011/2012

Fakultät Raumplanung

Technische Universtät Dortmund

Inhaltsverzeichnis

I. Einleitung

Die Auswahl von Standorten spielt eine entscheidende Rolle für den Erfolg oder Misserfolg einer Planung. Oftmals ist das Fällen einer Entscheidung jedoch von derart vielen Einflüssen, Faktoren und Unbestimmtheiten geprägt, dass die Auswahl der richtigen Option ein schwieriges Unterfangen darstellt, nicht zuletzt aufgrund der multikriteriellen Natur der allermeisten Standortfindungsprozesse. Besonders die Planung neuer Wohnbebauung, die eines der elementarsten Grundbedürfnisse der Menschen befriedigt, ist von zahlreichen Faktoren abhängig, die über das Gelingen des Vorhabens entscheiden. Ähnliches trifft auf die der Wohnbebauung vor- und nachgelagerten Infrastruktureinrichtungen, die Ver- und Entsorgungssysteme zu. So ist beispielsweise auch die Schaffung einer neuen Deponie zur Handhabung der von den Bewohnern einer Stadt produzierten Abfälle und Schadstoffe einem langem Entscheidungsprozess unterworfen.

Um den Raumplanern der Gegenwart und Zukunft diesen Prozess zu erleichtern und damit letztendlich auch die für den Menschen bestmöglichen Entscheidungen zu treffen, wurden in den letzten Jahren und Jahrzehnten zahlreiche Modelle, Verfahren und Programme entwickelt, welche transparent und auf wissenschaftlicher Grundlage große Hilfestellungen leisten können; allen voran der *Analytic Hierarchy Process* und das *Compromise Programming*, welche im Zuge dieser Arbeit vorgestellt, erläutert und praktisch angewendet werden, um beispielhaft ihren Nutzen für eine nachhaltige Stadtplanung darzustellen.

Kapitel II dieser Belegarbeit wird die *AHP-* und die *CP*-Methode zunächst theoretisch beleuchten und die Hintergründe und Wirkungsweisen erklären.

Das daran anschließende *Kapitel III* überführt die theoretischen Erkenntnisse auf eine praktische Ebene, indem der *Analytic Hierarchy Process* verwendet wird, um mögliche Standorte für die Schaffung einer Deponie zu bewerten und gegeneinander abzuwägen und damit letztendlich eine Entscheidung zugunsten eines der Standorte zu fällen.

Kapitel IV veranschaulicht die Anwendung des GIS-gestützen *Compromise Programming*, um potentielle Standorte für die Schaffung von Wohnbebauung innerhalb Dortmunds zu identifizieren.

Das *Kapitel V* wird die Ergebnisse der vorangegangenen Standortanalysen genauer untersuchen, diskutieren und kritisch hinterfragen, um Schlüsse über die Aussagekraft der jeweiligen Methode ziehen zu können.

Zum Schluss folgt *Kapitel VI,* welches auf Grundlage der vorangegangenen Arbeitsschritte ein Fazit zieht und eine abschließende Bewertung der Methoden vornimmt, um der Hauptmotivation dieser Belegarbeit gerecht zu werden und das vorrangige Ziel zu erreichen: die Eignung des *Analytic Hierarchy Process* und des *Compromise Programming* für die Raumplanung zu überprüfen und gegebenenfalls zu verifizieren oder falsifizieren.

II. Einführung in AHP und CP

Bevor die in der Einleitung genannten Methoden *Analytic Hierarchy Process* und *Compromise Programming* angewendet können ist es notwendig, die ihnen zugrunde liegenden theoretischen Hintergründe zu erläutern.

Der *Analytic Hierarchy Process* (nachfolgend *AHP*) ist ein etabliertes und angesehenes Verfahren, das bereits 1980 von Thomas Saaty entwickelt wurde und somit seit einigen Jahrzehnten erprobt wird. Das primäre Ziel des *AHP* ist es, eine systematische Vorgehensweise zu bieten, um für komplexe, multikriterielle Probleme mit verschiedenen Entscheidungsoptionen diejenige Lösung zu identifizieren, welche nach rational-wissenschaftlicher Analyse dem Optimum am nächsten kommt. Besonders in der Standortbewertung sowie für die Planung großer Infrastrukturprojekte wurde das Verfahren, meist im angelsächsischen Sprachraum, häufig eingesetzt. (vgl. Saaty 2008: 85)

Von zentraler Bedeutung für den *AHP* ist dabei die Festlegung von Alternativen und Auswahlkriterien in einem hierarchischen System, welches eine Bewertung der einzelnen Faktoren ermöglicht. So wird ein Gesamtziel aufgestellt, aus welchem Unterziele abgeleitet werden, welche wiederum anhand verschiedener Kriterien bewertet werden. Dies geschieht für alle vorher ausgewählten potentiellen Alternativstandorte. So entsteht anschaulich eine Problemhierarchie, die die Komplexität der Entscheidungsfindung reduziert und die Verarbeitung erhobener Daten erleichtert. (vgl. Saaty 1990: 9)

Die einzelnen Elemente dieses hierarchischen Systems werden in Form einer Matrix einem paarweisen Vergleich unterzogen und so nacheinander vollständig untereinander abgewogen. Dieser Vergleich wird unter Zuhilfenahme einer von Saaty entwickelten Skala vollzogen (siehe Tabelle 1),

Intensity of Importance	Definition
1	Equal importance
2	Equal to moderate importance
3	Moderate importance
4	Moderate to strong importance
5	Strong importance
6	Strong to very strong importance
7	Very strong importance
8	Very to extremely strong importance
9	Extreme importance

Tabelle 1: Punktesystem für den paarweisen Vergleich | Saaty, Thomas; Vargas 2001: 6)

dessen Werte in der erwähnten Matrix erfasst werden. So wird ein einzelnes Attribut mit einem weiterem entsprechend der Skala verglichen und somit nach und nach eine Hierarchie entwickelt, die die Entscheidungsfindung stützt (vgl. Saaty 2008: 85f). Werden beispielsweise vier Kriterien miteinander verglichen, erhält man im paarweisen Vergleich eine 4x4-Matrix *A*. Anschließend erfolgt die Errechnung der Prioritäten der verglichenen Elemente anhand des Eigenvektors durch eine Normalisierung der jeweiligen Spaltenvektoren. Jedes Element der Matrix *A* wird durch die Summe der jeweiligen Spalte dividiert, woraus die Matrix *B* resultiert. Durch die Berechnung des Mittelwertes einer jeweiligen Spalte ergibt sich die Gewichtung *W* für die jeweiligen Kriterien entsprechend folgender Formel:

$$w_i = \frac{\sum_{j=1}^{n} b_{ij}}{n} \qquad \left(i = 1\,(1)\,n\right)$$

Hieraus lässt sich letztendlich eine lokale Hierarchie der einzelnen, ausgewählten Kriterien ableiten, wodurch man dem gesetzten Ziel, dem Fällen einer Standortentscheidung, deutlich näher kommt. Wichtig ist jedoch, die getätigten Bewertungen in den Matrizen auf ihre Konsistenz hin zu überprüfen, um die logische Stimmigkeit der Annahmen und damit die wissenschaftliche Aussagekraft zu gewährleisten. Dies ermöglicht die Berechnung des Konsistenzquotienten. (vgl. Thinh et al. 2004: 6f)

Die Konsistenzüberprüfung beginnt zunächst mit der Multiplikation der Matrix *A* mit dem Vektor *W*, der zuvor errechneten Gewichtung. Anschließend wird der so entstandene Vektor *AW* wiederum komponentenweise durch *W* dividiert, um den Konsistenzvektor *[AW/W]* zu erhalten. Mit diesem ist es möglich, λ zu errechnen, welches für die Aufstellung des Konsistenzindexes benötigt wird, welcher wiederum die Grundlage für den gesuchten Konsistenzquotienten darstellt. Um λ zu erhalten, wird der Mittelwert des Vektors *[AW/W]* bestimmt. Somit lässt sich der Konsistenzindex *CI* entsprechend folgender Formel errechnen:

$$CI = \frac{\lambda - n}{n - 1}$$

Mithilfe des so bestimmten Wertes von *CI* ist der Konsistenzquotient *CR* anhand folgender Formel zu errechnen:

$$CR = \frac{CI}{RI}$$

Der zuvor bestimmte *CI* wird durch den sogenannten *random index,* dividiert, welcher einer von Thomas Saaty entwickelten Tabelle zu entnehmen ist. Im Ergebnis erhält man idealerweise einen Wert < 0,1. Ist dies nicht der Fall und der Wert übersteigt 0,1, so sind die getroffenen Annahmen der Matrix *A* inkonsistent und müssen revidiert werden. Wünschenswert ist somit ein *CR* möglichst weit entfernt von diesem Grenzwert. (vgl. ebd.)

Das bisher beschriebene Verfahren stellte zunächst das Aufstellen lokaler Prioritätenvektoren dar, also der paarweise Vergleich der einzelnen Untersuchungskriterien. Der nachfolgende, finale Schritt des *AHP* stellt die Aufstellung eines *globalen* Prioritätenvektors dar, also einer Gesamtbewertung der zur Wahl stehenden Alternativen bezüglich der jeweiligen Teilziele. Dieser Schritt erfolgt jedoch analog zur Bestimmungen des lokalen Prioritätenvektors und wird dementsprechend nicht nochmal im Detail erläutert. (vgl. Saaty 2008: 94)

Das zweite Verfahren, welches im Rahmen dieser Arbeit eine herausragende Rolle spielt, ist das bereits erwähnte *Compromise Programming* (nachfolgend *CP*), welches von Milan Zeleny im Jahre 1973 entwickelt wurde. Ähnlich wie der *AHP* fand das *CP* bereits vielfache Verwendung in Raumplanung, vor allem auf regionaler Ebene (vgl. Thinh et al. 2004: 7). Auch beim *CP* handelt es sich um ein mathematisches Verfahren, welches bei den verschiedenartigsten Problemen helfen soll, vorausschauende Lösungsstrategien zu entwickeln. Da die perfekte, allumfassende Ideallösung aufgrund stets auftretender Zielkonflikte in der Realität jedoch kaum zu erreichen ist, setzt das *CP* bei der Identifizierung von Kompromisslösungen an, welche möglichst nah an den angestrebten Idealvorstellungen liegen. Es handelt sich beim *CP* um eine distanzbasierte Bewertungsmethode, bei der die Abstände der möglichen Alternativen zu einem Idealwert $z*_j$ und einem Anti-Idealwert z'_j bestimmt werden. Die Differenz zwischen Idealwert und tatsächlichem Wert sowie die Differenz zwischen Ideal- und Anti-Idealwert wird durch folgende Formel bestimmt (vgl. ebd.):

$$d_j = \frac{\left| z'_j - z_j \right|}{\left| z'_j - z\cdot_j \right|}$$

Um letztendlich die bestmögliche Kompromisslösung zu finden, sind jedoch weitere Schritte nötig. Zum einen sind zuvor mittels eines *AHP* errechnete Gewichtungen *W* der Kriterien heranzuziehen, zum anderen wird ein Kompensationsmaß p benötigt, um das *Compromise Programming* zielführend einzusetzen. Übliche Kompensationsmaße sind $p=1$ *(city block norm)*, $p=2$ *(euclidian norm)* und $p=10$ *(maximum norm)*. Das Maß $p=1$ steht dabei für eine Totalkompensation. Nicht ausreichend erfüllte Kriterien werden durch zufriedenstellend erfüllte Kriterien ausgeglichen. Gilt jedoch $p=2$, so findet eine Teilkompensation statt. Ist $p=10$, so findet eine Totalkompensation statt, bei der ein nicht ausreichend erfülltes Kriterium sofort aussortiert wird. Werden all diese Einflussgrößen zusammengeführt, so ergibt sich folgende Formel (vgl. ebd.: 8):

$$L_p(W) = \left[\sum_{j=1}^{n} \left| \frac{Z_j' - Z_j}{Z_j' - Z_{\cdot j}} \right|^p \right]^{1/p}$$

Diese Berechnungen verdeutlichen, dass eine Kombination von *AHP* und *CP* nahe liegt und besonders in Zusammenhang mit der Einbindung in ein Geoinformationssystem zu relevanten Analyseergebnissen führen kann. Die praktische Anwendung der nun geschaffenen Kenntnisse über den *AHP* und die Kombination mit dem *CP* wird im nachfolgenden Kapitel durchgeführt, um Grenzen und Möglichkeiten dieser Verfahren aufzuzeigen.

III. Anwendung des Analytic Hierarchy Process für die Standortwahl einer Deponie in Dortmund

Um die Anwendbarkeit des *AHP* zu überprüfen und seinen Wert für die Raumplanung zu ermitteln, wird das Verfahren im Folgenden beispielhaft angewendet, um potentielle Standorte für eine Deponie im Dortmunder Stadtgebiet zu identifizieren. Der erste Schritt ist, wie bereits in *Kapitel II* beschrieben, die Entwicklung einer differenzierten Bewertungshierarchie durch die Festlegung in Frage kommender Alternativstandorte, der von diesen Standorten zu erfüllenden Ziele und der für die Bewertung benötigten, aussagekräftigen Kriterien (siehe Abbildung 1).

Bewertungshierarchie für die Standortplanung einer Deponie

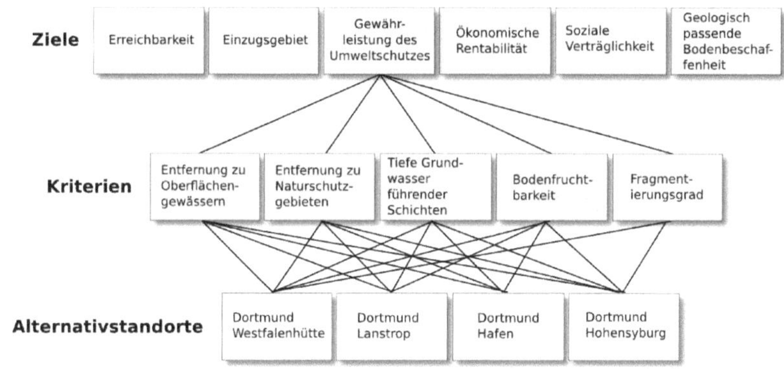

Abbildung 1: Bewertungshierarchie | Eigene Darstellung

Das erste Ziel ist eine bestmögliche Erreichbarkeit des Standortes. Lange Anfahrtswege sollen vermieden werden, um den Ressourcenverbrauch für Transporte und Logistik zu minimieren. Als zweites Ziel wurde das Vorhandensein eines passendes Einzugsgebietes festgelegt. Die Deponie soll naturgemäß nachfrage- und anforderungsorientiert angelegt werden. Die abfallproduzierenden Privathaushalte und Unternehmen müssen vor Ort gegeben sein, um die Schaffung einer Deponie überhaupt erst zu rechtfertigen. Ein weiteres Ziel stellt die ökonomische Rentabilität des Standortes dar. Günstige Bodenrichtwerte können hierbei zum Beispiel ausschlaggebend sein, um die Kosten für die Schaffung der Deponie möglichst gering zu halten. Doch auch die soziale Verträglichkeit stellt eine wesentliche Anforderung dar, so soll der Mensch so gering wie möglich von den Belastungen, die von einer Deponie ausgehen könnten, betroffen werden, um bspw. gesundheitliche Schäden zu verhindern. Des weiteren spielt die geologische Bodenschaffenheit des potentiellen Standortes eine wichtige Rolle. Sie muss den Anforderungen einer Deponie gewachsen sein, um schwerwiegende Beeinträchtigungen der Flora und Fauna und nicht zuletzt des Menschen zu vermeiden. Hieran schließt sich das letzte aufgestellte und für die weitere Arbeit untersuchte Ziel an, die Gewährleistung eines umfassenden, nachhaltigen Umweltschutzes. Dieser ist von herausragender Bedeutung für die Auswahl eines Standortes, da von einer Deponie, egal zu welcher Klasse sie gehört, stets eine nicht zu unterschätzende Gefahr für die Biosphäre ausgeht.

Dieses Ziel wird anhand fünf verschiedener Kriterien analysiert. Zum einen anhand der Distanz zu Oberflächengewässern und zu Naturschutzgebieten, da diese besonders anfällig sind für schädliche Immissionen, die von den Deponien emittiert werden könnten. Zum anderen anhand des Grundwassers, dessen Schutz oberste Priorität genießt und dessen Tiefe eine wichtige Rolle bei der Standortentscheidung spielen muss. Ein weiteres Kriterium ist der Fruchtbarkeitsgrad des Boden. Besonders fruchtbare, seltene Böden sollen keinesfalls einer Deponie zum Opfer fallen, ihr ökologischer Wert ist höher zu bemessen. Auch der Fragmentierungsgrad der Freiräume ist von Belang, da für die Schaffung einer Deponie im Regelfall große Freiflächen benötigt werden. Im Idealfall sind dies keine großen, zusammenhängenden Freiräume mit immanenter Bedeutung für das gesamtstädtische Ökosystem, sondern sekundäre, fragmentierte Freiräume mit geringerem Wert. Für die Bewertung sämtlicher Ziele außer dem Fragmentierungsgrad wurden die Umweltpläne der Stadt Dortmund herangezogen, um die getätigten Annahmen mit bereits großflächig erfassten Daten zu untermauern. Der Fragmentierungsgrad wurde im Rahmen der im weiteren Verlauf dieser Arbeit durchgeführten GIS-Analyse des Dortmunder Stadtgebietes untersucht und ist somit ebenfalls von wissenschaftlicher Tragkraft.

Die im Vorfeld ausgewählten in Frage kommenden Alternativstandorte befinden sich in sehr unterschiedlichen Teilen des Stadtgebietes. Als Standort A wurde das größtenteils brachliegende Gebiet der Westfalenhütte in der Dortmunder Nordstadt gewählt. Dieses besitzt aufgrund seiner langwährenden industriellen Vorgeschichte und dementsprechender Belastungen bereits einen Charakter, der der Schaffung einer Deponie zuträglich ist. Ökologische Beeinträchtigungen von Boden und Gewässern sind hier kaum zu erwarten, kritisch zu sehen ist jedoch unter Umständen die Nähe zu bestehender Wohnbebauung.

Der zweite Standort (B) befindet sich nord-östlich der Westfalenhütte in Dortmund Lanstrop. In Frage kommt er vor allem aufgrund seiner Abgeschiedenheit von Wohnbebauung, die eine soziale verträgliche Durchführung der Planung begünstigen könnte. Die nähe zu Gewässern und Naturschutzgebieten und auch die hohe Bodenqualität sind für die Schaffung einer Deponie unter Umständen ungeeignet.

Der dritte Standort (C) befindet sich im Dortmunder Hafen, welcher ähnlich wie die Westfalenhütte industriell geprägt ist und auch heute noch von großer wirtschaftlicher Bedeutung ist. Eine gute Anbindung an die Autobahn, die Grundwassersituation und Entfernung zu Naturschutzgebieten sprechen für den Standort, die naturgemäße Nähe des Hafens zu Oberflächengewässern stellt wiederum ein Risiko dieses Standortes dar.

Der vierte und letzte Standort (D) befindet sich in Hohensyburg im Dortmunder Süden. Die gute Anbindung und Abgeschiedenheit sind Vorteile dieses Standortes, doch besonders die ökologischen Faktoren, die in dieser Analyse von zentraler Bedeutung sind, könnten diesen Standort disqualifizieren. Aufgrund der Bewertung von vier unterschiedlichen Standorten ergibt sich eine Matrix mit vier Zeilen und vier Spalten.

Nach der nun detaillierten Aufstellung und Beschreibung der des hierarchischen Bewertungssystems werden nun die Ergebnisse der Berechnungen für die einzelnen Kriterien vorgestellt.

Ergebnisse des AHP[1]:

Kriterium "Entfernung zu Oberflächengewässern"
(je weiter entfernt, desto besser)

Standorte	A	Matrix A B	C	D	Gewichtung W	Rang
A	1,00	3,00	5,00	5,00	0,556367121	
B	0,33	1,00	2,00	3,00	0,2283950641	
C	0,20	0,50	1,00	0,50	0,092939546	
D	0,20	0,33	2,00	1,00	0,1222982689	
Spaltensumme	1,73	4,83	10,00	9,50	1	
Konsistenzquotient CR	0,0486833298					

Die Berechnung der Ergebnisse des ersten Kriteriums brachte Vorhersehbares zu tage und bekräftigt die zuvor getätigten Annahmen. Der Standort A, die Westfalenhütte, bekommt aufgrund seiner hohen Distanz zu Oberflächengewässern ein deutlich höheres Gewicht als die übrigen Standorte. Besonders der am Kanal liegende Hafen (C) und das im Süden in der Nähe der Ruhr befindliche Hohensyburg (D) belegen mit weitem Abstand die unteren Ränge.

Kriterium "Entfernung zu Naturschutzgebieten"
(je weiter entfernt, desto besser)

Standorte	A	Matrix A B	C	D	Gewichtung W	Rang
A	1,00	5,00	3,00	5,00	0,5807536761	
B	0,20	1,00	1,00	1,00	0,1349124613	
C	0,33	1,00	1,00	3,00	0,2036985885	
D	0,20	0,33	0,33	1,00	0,0806352741	
Spaltensumme	1,73	7,33	5,33	10,00	1	
Konsistenzquotient CR	-0,0474325					

Auch das die Naturschutzgebiete betreffende Kriterium fällt eindeutig aus. Die eher innerstädtisch gelegenen, industriell geprägten Standorte A und C erhalten eine höhere Gewichtung als die ländlich geprägten Stadtbezirke Lanstrop (B) und Hohensyburg (D). Die Westfalenhütte erreicht hier wieder aufgrund der großen räumlichen Distanz zu Naturschutzgebieten den ersten Rang.

Kriterium "Tiefe der grundwasserführenden Schichten"
(je tiefer, desto besser)

Standorte	A	Matrix A B	C	D	Gewichtung W	Rang
A	1,00	5,00	1,00	5,00	0,4362947159	
B	0,20	1,00	0,33	0,33	0,081524148	
C	1,00	3,00	1,00	3,00	0,3410374812	
D	0,20	3,00	0,33	1,00	0,141143655	
Spaltensumme	2,40	12,00	2,66	9,33	1	
Konsistenzquotient CR	0,0694816					

---

1 Für vollständige Datenblätter der Berechnungen s. Anhang

Ähnlich eindeutig fällt die Rangordnung auch beim Kriterium der Grundwassertiefe aus, bei der Westfalenhütte (A) und Hafen (C) entsprechend der Auswertung der Umweltpläne der Stadt Dortmund wiederum Rang 1 und 2 belegen.

iterium "Bodenfruchtbarkeit"

niedriger, desto besser)

	Matrix A				Gewichtung W	Rang
andorte	A	B	C	D		
	1,00	4,00	1,00	5,00	0,3977415326	1
	0,25	1,00	0,25	0,33	0,0791352949	4
	1,00	4,00	1,00	5,00	0,3977415326	1
	0,20	3,00	0,20	1,00	0,1253816399	3
altensumme	2,45	12,00	2,45	11,33	1	
nsistenzquotient CR	0,0882299					

Bezüglich der Bodenfruchtbarkeit wiegen Standort A und B gleich schwer, was angesichts des hohen Versiegelungsgrades der (post-)industriellen Flächen zu erwarten war. Dass die Standorte Lanstrop und Hohensyburg aufgrund ihrer Naturbelassenheit und ökologischen Güte hier niedrig gewichten werden müssen, ist ebenfalls eine logische Schlussfolgerung.

iterium "Fragmentierungsgrad"

höher, desto besser)

	Matrix A				Gewichtung W	Rang
andorte	A	B	C	D		
	1,00	4,00	0,50	5,00	0,3368959369	2
	0,25	1,00	0,33	2,00	0,1227392127	3
	2,00	3,00	1,00	7,00	0,4767330503	1
	0,20	0,50	0,14	1,00	0,0636318001	4
altensumme	3,45	8,50	1,97	15,00	1	
nsistenzquotient CR	0,0286816					

Das letzte Kriterium, der Fragmentierungsgrad der Freiräume, verdeutlicht die Dominanz der Standorte A und B gleichermaßen wie die bisherigen Kriterien, wobei der Dortmunder Hafen jedoch erstmalig den ersten Rang belegt.

Als Ergebnis der Durchführung des *AHP* steht nun die klare Entscheidung für den Standort Westfalenhütte, welcher in nahezu sämtlichen Kriterien den ersten Rang belegte und somit nachweislich am besten geeignet für die Schaffung einer neuen Deponie ist. Der Konsistenzquotient aller Annahmen lag unter 0,1, sodass eine entsprechende Wiederholung des Verfahrens nicht notwendig ist.

IV. Compromise Programming mit GIS-Unterstützung für die Standortwahl neuer Wohnbebauung in Dortmund

Nachdem der *Analytical Hierarchy Process* beispielhaft von der Theorie in die Praxis überführt wurde, folgt nun die Anwendung des *Compromise Programming*, um eine weitere Standortanalyse im Dortmunder Stadtgebiet durchzuführen. Neben der Einbeziehung des AHP spielt die Integration von GIS eine entscheidende Rolle, da mit dessen Hilfe eine Rasterdatenanalyse durchgeführt werden kann, welche ideal mit dem CP zusammen agiert. Gesucht werden bei dieser Analyse geeignete Standorte für Wohnbebauung, welche sich in ihren Anforderungen gänzlich von einer Deponie unterscheidet. Dementsprechend werden in diesem Fall größtenteils andere Bewertungskriterien herangezogen.

Indikator 1 ist dabei die Entfernung zu bestehenden Siedlungsstrukturen, da im Geiste einer kompakten Stadtentwicklung eine überflüssige Neuinanspruchnahme von Boden vermieden werden soll. Somit sind Standorte innerhalb oder möglichst angrenzend an bereits existierende Wohnbebauung vorzuziehen.

Indikator 2 umfasst die PKW-Fahrzeit zum Stadtzentrum, für welches repräsentativ das Rathaus der Stadt als Orientierungspunkt zur Messung dient. Die Fahrtzeit wird dabei in Meter pro Sekunde errechnet.

Indikator 3 greift ähnlich wie bereits im vorangegangenen Kapitel geschehen auf die Distanz zu Naturschutzgebiet zurück. Diese genießen nachwievor einen außerordentlichen Schutz vor jedweder Art der Bebauung, unabhängig ob es eine Deponie oder ein Wohngebiet ist, dass dort realisiert werden soll.

Indikator 4 repräsentiert die Distanz zu Fließgewässern, welche aus Gründen des Hochwasserschutzes und der Schadensvermeidung möglichst groß sein sollte. Die Inanspruchnahme wichtiger Retentionsflächen ist unter allen Umständen zu vermeiden, um beispielsweise im Falle von Extremwetterereignissen schwere Schäden zu verhindern.

Indikator 5 befasst sich wiederum mit dem Fragmentierungsgrad, welcher ebenfalls bereits in *Kapitel III* zur Anwendung kam. Auch hier gilt es, großflächige und unzerschnittene Freiraumstrukturen zu bewahren und statt dessen in Gebiete auszuweichen, die durch Neuinanspruchnahme diesbezüglich weniger ökologische Wertverluste mit sich bringen.

Zur Durchführung des *Compromise Programming* werden die Gewichtungen der einzelnen Kriterien benötigt, weshalb es sich anbietet, einen weiteren *AHP* durchzuführen:

	Matrix A					Gewichtung W	Rang
	Ind1	Ind2	Ind3	Ind4	Ind5		
d1	1,00	2,00	3,00	2,00	5,00	0,3733667296	1
d2	0,50	1,00	3,00	1,00	4,00	0,2340047934	2
d3	0,33	0,33	1,00	0,33	2,00	0,0989555363	3
d4	0,50	1,00	3,00	1,00	4,00	0,2340047934	2
d5	0,20	0,25	0,50	0,25	1,00	0,0596681473	4
·altensumme	2,53	4,58	10,50	4,58	16,00	1	
·nsistenzquotient CR	0,01474027						

Anschließend erfolgt mit ArcGis 9.3 die kartografische Visualisierung und Analyse der einzelnen Indikatoren. Die Zwischenergebnisse dieses Arbeitsschrittes sind die wichtigste Grundlage für das *CP*, durch welches die einzelnen Bewertungen der Indikatoren 1-5 in einer Karte gebündelt werden. Als Kompensationsmaße werden *p=1*, *p=2* und *p=10* herangezogen und jeweils mit äquidistanter und quantiler Klassifizierung dargestellt. Für die äquidistante Klassifizierung werden 20%-Schritte verwendet.

P=1 mit äquidistanter Klassifizierung

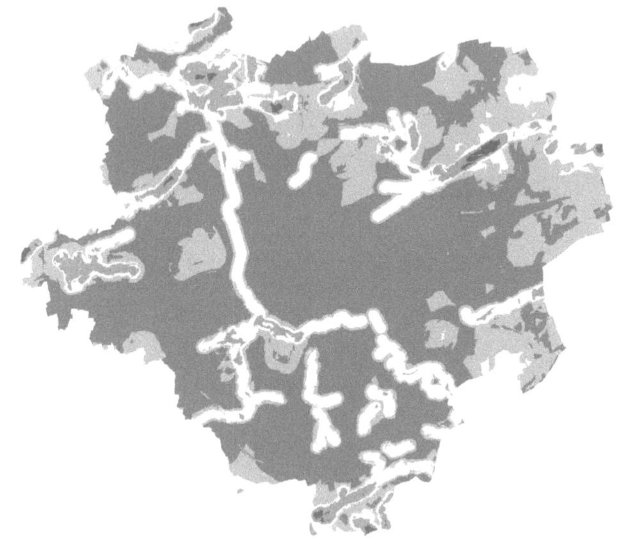

P=2 mit äquidistanter Klassifizierung

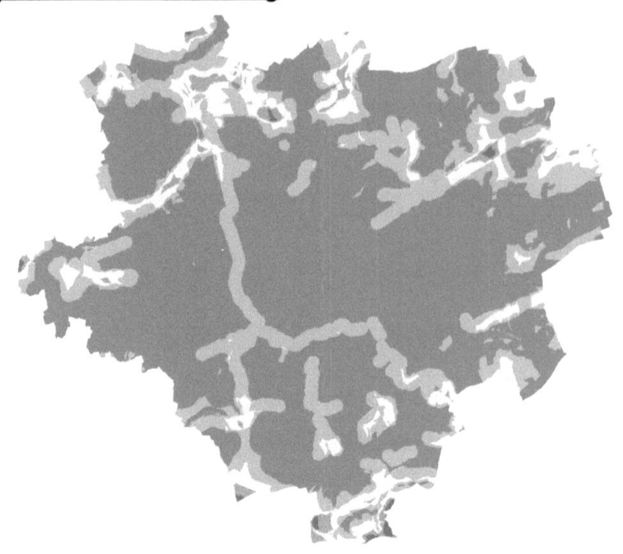

P=10 mit äquidistanter Klassifizierung

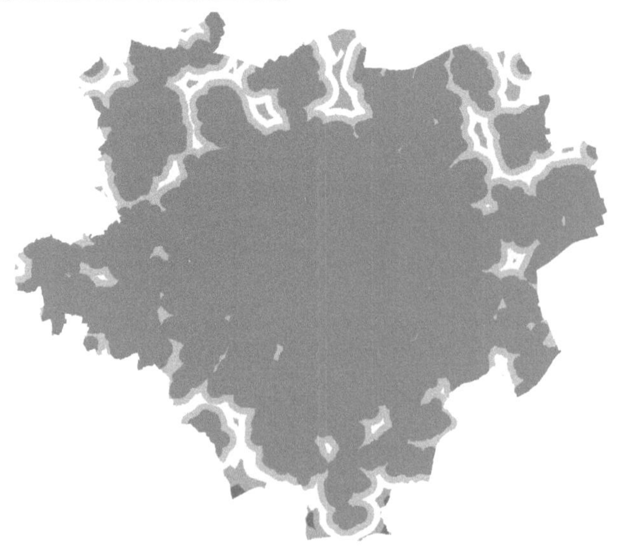

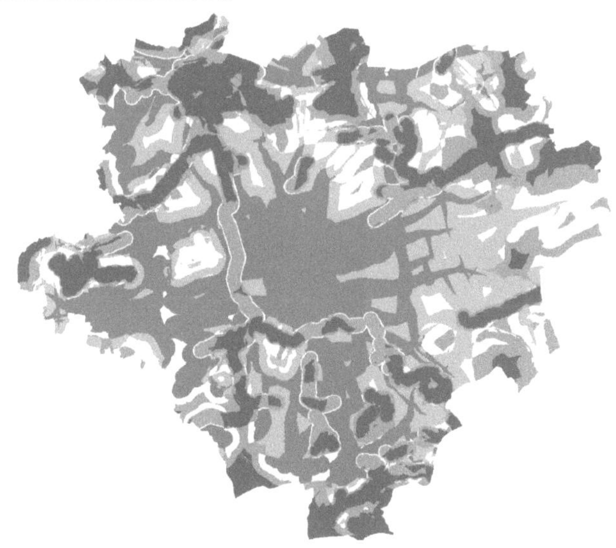

P=10 mit quantiler Klassifizierung

Die Ergebnisse der *CP*-Analyse verdeutlichen sehr anschaulich, welchen Einfluss die Wahl des Kompensationsmaßes auf die Aussagekraft des Ergebnisses besitzt. Die Wahl eines äquidistanten Maßes macht die Identifikation eindeutig ungeeigneter Flächen schwierig, da bis auf wenige Ausnahmen nahezu das gesamte Stadtgebiet Dortmunds als geeignet dargestellt wird. Auch eindeutig ungeeignete Flächen, wie beispielsweise in direkter Nähe zu Fließgewässern, wurden nicht derart kategorisiert, dass die tatsächliche Gefährlichkeit des Standortes zu erkennen wäre. Ganz besonders trifft dies auf P=2 und P=10 zu. Eine Verwendung einer äquidistanten Klassifizierungsmethode stellt sich somit tendenziell als eher ungeeignet für die Analyse dar.

Ein anderes Bild zeichnet hingegen die Auswahl einer quantilen Klassifizierung. Besonders P=1 und P=2 weisen die nötige Aussagekraft auf, um sinnvolle Standorte für potentielle Wohnbebauung zu identifizieren. Risikogebiete entlang der Gewässer lassen sich ausreichend erkennen, ebenso scheiden Naturschutzgebiete und peripher gelegene Standorte aus. Die Unterstützung einer kompakten Siedlungsstruktur und damit die Vermeidung der Zersiedelung ökologisch wertvoller Landschaftsbestandteile ist somit gegeben. Jedoch ist auch die quantile Klassifizierung nicht frei von Mängeln, wie besonders P=10 beweist. Die Aussagekraft der Karte ist stark beeinträchtigt, da aufgrund der Totalkompensation nicht ausreichend erfüllte Kriterien sofort und vollständig aussortiert wurden.

Zurückzuführen ist dies möglicherweise jedoch auch auf Mängel in der Datengrundlage bezüglich des Fragmentierungsgrades der Dortmunder Freiflächen. Das vorgegebene Bewertungsschema, welches für bestimmte Innenkreisradien in Zusammenhang mit der Gesamtfläche der unzerschnittenen Freiräume ein Punktesystem vorsah, erwies sich für die Anwendung auf die Stadt Dortmund als höchst ungeeignet. Die Analyse des Fragmentierungsgrades ergab, dass keine einzige Fläche im Stadtgebiet einen besseren Fragmentierungsgrad als 1,0 erreichen konnte, da sämtliche Freiräume zu stark zerschnitten bzw. die Innenkreisradien zu klein sind, um eine bessere Bewertung zu erhalten. Das Gesamtergebnis wird dadurch natürlich zu einem gewissen Maße verfälscht und beeinträchtigt den Nutzen der durchgeführten Untersuchungen. Für zukünftige Analysen ist dementsprechend eine Anpassung des Bewertungsschemas sinnvoll und wird letztendlich dazu führen, den Wert und die Aussagekraft des Forschungsergebnisses drastisch zu erhöhen.

Besonders überzeugend zeigte sich zudem die Anwendung des *Analytic Hierarchy Process*, dessen Durchführung zu einem überaus logischen und nachvollziehbaren Ergebnis führte und die getätigten Annahmen vollends bestätigte. Auch hier ist naturgemäß die verwendete Datengrundlage ausschlaggebend für die Aussagekraft, da die im Rahmen des *AHP* vorgenommenen Einschätzungen vollends auf wissenschaftlicher Basis stehen müssen, um nicht willkürlich zu erscheinen. Da dies im Rahmen dieser Seminararbeit auf Grundlage der Umweltpläne der Stadt Dortmund geschehen ist, sind die Ergebnisse durchaus als realistisch und anwendbar einzustufen.

VI. Fazit

In dieser Seminararbeit wurde mit großen Erfolg untersucht, inwiefern die systematische Anwendung multikriterieller Bewertungsmethoden der Raumplanung zuträglich ist und die Standortentscheidung dramatisch erleichtern kann. Mit Hilfe des *Analytic Hierarchy Process* und des *Compromise Programming* ist es eindeutig möglich, oftmals als subjektiv und unwissenschaftlich kritisierte Entscheidungen bezüglich der Auswahl eines Standortes auf eine rationale, transparente und vermittelbare Basis zu stellen. Dies erleichtert es nicht nur, den gesamten Prozess der Planung durch ein nachvollziehbares Verfahren zu legitimieren, sondern auch, eine Entscheidung zu treffen, die sich nachhaltig positiv auf die städtische Entwicklung und damit auf die menschliche Gesellschaft auswirkt.

Grundvoraussetzung für das Gelingen von Planungen aller Art, die mit Unterstützung von *AHP* und *CP* durchgeführt werden sollen, ist die Existenz einer ausreichenden und zeitlich aktuellen Datengrundlage, die die individuellen Begebenheiten vor Ort berücksichtigt. Ist diese Voraussetzung erfüllt, so wird der Raumplanung ein mächtiges Werkzeug an die Hand gegeben, um die Herausforderungen der Gegenwart und Zukunft zu meistern.

Abschließend ist somit zu sagen, dass die beschriebenen Methoden bereits einzeln angewendet einen großen Nutzen besitzen, doch das wahre Potential liegt in der Kombination der Verfahren, welche nahtlos ineinander übergreifen können. Erst die Verknüpfung des *Analytic Hierarchy Process* und des *Compromise Programming* entfaltet die volle Wirksamkeit und erlaubt es, besonders in Verbindung mit einem Geoinformationssystem, die anschauliche Aufarbeitung räumlicher Daten und, darauf aufbauend, die Fällung bedeutsamer Standortentscheidungen für zukünftige Planungen. Ihr Nutzen für die Raumplanung ist unbestreitbar und es ist zu hoffen, dass die in dieser Seminararbeit erprobten Verfahren Einzug halten in Stadtplanungsämtern, Ingenieurbüros, Raumordnungsbehörden und allen Institutionen, welche für die nachhaltige Gestaltung unserer räumlichen Umwelt verantwortlich sind.

i. Quellenverzeichnis

Saaty, Thomas Lorie. 1990:
How to make a decision: The Analytic Hierarchy Process. In: European Journal of Operational Research, 48/1990: 9-26

Saaty, Thomas Lorie; Vargas, Luis Gonzalez 2001:
Decision making with the analytic network process: economic, political, social and technological applications with benefits, opportunities, costs and risks. New York: Springer US

Saaty, Thomas Lorie. 2008:
Decision making with the analytic hierarchy process . In: International Journal of Services Sciences, Vol. 1, No. 1, 2008: 83-98

Thinh, Nguyen Xuan; Walz, Ulrich; Schanze, Jochen; Frencsik, Istvan; Göncz, Annamaria. 2004:
GIS-based multiple criteria decision analysis and optimization for land suitability evaluation . In: Wittmann, J. & Wieland, R. (Hrsg.): Simulation in Umwelt- und Geowissenschaften. Aachen: Shaker Verlag: 208-223

ii. Anhang

Datenblätter der AHP-Analyse:

AHP für potentielle Deponiestandorte

Kriterium "Entfernung zu Oberflächengewässe (je weiter entfernt, desto besser)

Matrix A				
Standorte	A	B	C	D
A	1,00	3,00	5,00	5,00
B	0,33	1,00	2,00	3,00
C	0,20	0,50	1,00	0,50
D	0,20	0,33	2,00	1,00
Spaltensumme	1,73	4,83	10,00	9,50

	Potentielle Standorte
A	Dortmund Westfalenhütte
B	Dortmund Lanstrop
C	Dortmund Hafen
D	Dortmund Hohensyburg

Matrix B				
Standorte	A	B	C	D
A	0,5780346821	0,62111801	0,5	0,52631579
B	0,1907514451	0,20703934	0,2	0,31578947
C	0,1156069364	0,10351967	0,1	0,05263158
D	0,1156069364	0,06832298	0,2	0,10526316
Spaltensumme	1,00	1,00	1,00	1,00

Gewichtung W	Rang
0,556367121	1
0,2283950641	2
0,092939546	4
0,1222982689	3
1	

Konsistenzüberprüfung		AW/W
AW1	2,3177413879	4,16584895
AW2	0,9647701128	4,22412856
AW3	0,3795596367	4,08394115
AW4	0,4948211563	4,0460193

Lamda	4,1299844906
Konsistenzindex CI	0,0433281635
RI	0,89
Konsistenzquotient CR	0,0486833298

AHP für potentielle Deponiestandorte

Kriterium "Entfernung zu Naturschutzgebiet (je weiter entfernt, desto besser)

Matrix A				
Standorte	A	B	C	D
A	1,00	5,00	3,00	5,00
B	0,20	1,00	1,00	1,00
C	0,33	1,00	1,00	3,00
D	0,20	0,33	0,33	1,00
Spaltensumme	1,73	7,33	5,33	10,00

	Potentielle Standorte
A	Dortmund Westfalenhütte
B	Dortmund Lanstrop
C	Dortmund Hafen
D	Dortmund Hohensyburg

Matrix B				
Standorte	A	B	C	D
A	0,57803468	0,68212824	0,56285178	0,5
B	0,11560694	0,13642565	0,18761726	0,1
C	0,19075145	0,13642565	0,18761726	0,3
D	0,11560694	0,04502046	0,0619137	0,1
Spaltensumme	1,00	1,00	1,00	1,00

Gewichtung W	Rang
0,5807536761	1
0,1349124613	3
0,2036985885	2
0,0806352741	4
1	

Konsistenzüberprüfung		AW/W
AW1	2,26958812	3,90800474
AW2	0,53539706	3,96847744
AW3	0,77216559	3,79072624
AW4	0,30852766	3,82621203

Lamda	3,87335511
Konsistenzindex CI	-0,042215
RI	0,89
Konsistenzquotient CR	-0,0474325

AHP für potentielle Deponiestandorte

Kriterium "Tiefe der grundwasserführenden Schichten" (je tiefer, desto besser)

Standorte	A	B	C	D
		Matrix A		
A	1,00	5,00	1,00	5,00
B	0,20	1,00	0,33	0,33
C	1,00	3,00	1,00	3,00
D	0,20	3,00	0,33	1,00
Spaltensumme	2,40	12,00	2,66	9,33

Potentielle Standorte	
A	Dortmund Westfalenhütte
B	Dortmund Lanstrop
C	Dortmund Hafen
D	Dortmund Hohensyburg

Standorte	A	B	C	D
		Matrix B		
A	0,41666667	0,41666667	0,37593985	0,53590568
B	0,08333333	0,08333333	0,12406015	0,03536977
C	0,41666667	0,25	0,37593985	0,32154341
D	0,08333333	0,25	0,12406015	0,10718114
Spaltensumme	1,00	1,00	1,00	1,00

Gewichtung W	Rang
0,4362947159	1
0,081524148	4
0,3410374812	2
0,141143655	3
1	

Konsistenzüberprüfung		AW/W	
AW1	1,89067121	4,33347263	
AW2	0,32790287	4,02215631	
AW3	1,44533561	4,23805501	
AW4	0,58551741	4,14837926	

Lamda	4,1855158
Konsistenzindex CI	0,0618386
RI	0,89
Konsistenzquotient CR	0,06948157

AHP für potentielle Deponiestandorte

Kriterium "Bodenfruchtbarkeit" (je niedriger, desto besser)

Standorte	A	B	C	D
		Matrix A		
A	1,00	4,00	1,00	5,00
B	0,25	1,00	0,25	0,33
C	1,00	4,00	1,00	5,00
D	0,20	3,00	0,20	1,00
Spaltensumme	2,45	12,00	2,45	11,33

Potentielle Standorte	
A	Dortmund Westfalenhütte
B	Dortmund Lanstrop
C	Dortmund Hafen
D	Dortmund Hohensyburg

Standorte	A	B	C	D
		Matrix B		
A	0,40816327	0,33333333	0,40816327	0,44130627
B	0,10204082	0,08333333	0,10204082	0,02912621
C	0,40816327	0,33333333	0,40816327	0,44130627
D	0,08163265	0,25	0,08163265	0,08826125
Spaltensumme	1,00	1,00	1,00	1,00

Gewichtung W	Rang
0,3977415326	1
0,0791352949	4
0,3977415326	1
0,1253816399	3
1	

Konsistenzüberprüfung		AW/W	
AW1	1,73893244	4,37201625	
AW2	0,319382	4,0358983	
AW3	1,73893244	4,37201625	
AW4	0,52188414	4,16236491	

Lamda	4,23557393
Konsistenzindex CI	0,07852464
RI	0,89
Konsistenzquotient CR	0,08822994

AHP für potentielle Deponiestandorte
Kriterium "Fragmentierungsgrad(je höher, desto besser)

Standorte	Matrix A			
	A	B	C	D
A	1,00	4,00	0,50	5,00
B	0,25	1,00	0,33	2,00
C	2,00	3,00	1,00	7,00
D	0,20	0,50	0,14	1,00
Spaltensumme	3,45	8,50	1,97	15,00

Potentielle Standorte	
A	Dortmund Westfalenhütte
B	Dortmund Lanstrop
C	Dortmund Hafen
D	Dortmund Hohensyburg

Standorte	Matrix B			
	A	B	C	D
A	0,28985507	0,47058824	0,25380711	0,33333333
B	0,07246377	0,11764706	0,16751269	0,13333333
C	0,57971014	0,35294118	0,50761421	0,46666667
D	0,05797101	0,05882353	0,07106599	0,06666667
Spaltensumme	1,00	1,00	1,00	1,00

Gewichtung W	Rang
0,3368959369	2
0,1227392127	3
0,4767330503	1
0,0636318001	4
1	

Konsistenzüberprüfung		AW/W
AW1	1,38437831	4,10921641
AW2	0,4915487	4,00482204
AW3	1,96416516	4,12005243
AW4	0,25912322	4,07222836

Lamda	4,07657981
Konsistenzindex CI	0,0255266
RI	0,89
Konsistenzquotient CR	0,02868158